巧手做汉服

编　著：王永岭　廖　琦

编写人员：

王永岭　廖　琦　廖晓红

尚　晶　胡　辙　高　森

陈文庆

青少年素质拓展系列课程

纸数融合新型教材

SPM 南方传媒

全国优秀出版社
全国百佳图书出版单位　广东教育出版社

·广　州·

图书在版编目（CIP）数据

巧手做汉服 / 王永岭，廖琦编著．—广州：广东教育出版社，2023.2

青少年素质拓展系列课程

ISBN 978-7-5548-5151-7

Ⅰ．①巧…　Ⅱ．①王…　②廖…　Ⅲ．①汉服—民族服装—服装缝制—中国—青少年读物　Ⅳ．① TS941.742.811-49

中国版本图书馆 CIP 数据核字（2022）第 210283 号

巧手做汉服

QIAO SHOU ZUO HANFU

出 版 人：朱文清

责任编辑：王永岭

责任技编：杨启承

装帧设计：喻悠然

责任校对：罗　莉

出版发行：广东教育出版社

（广州市环市东路472号12-15楼　邮政编码：510075）

销售热线：020-87772438

网　　址：http://www.gjs.cn

E-mail：gjs-quality@nfcb.com.cn

经　　销：广东新华发行集团股份有限公司

印　　刷：佛山市浩文彩色印刷有限公司

（佛山市南海区狮山科技工业园A区）

规　　格：787 mm × 1092 mm　1/16

印　　张：4.5

字　　数：90千

版　　次：2023年2月第1版

2023年2月第1次印刷

定　　价：30.00元

如发现因印装质量问题影响阅读，请与本社联系调换（电话：020-87613102）

课程顾问：阎安，教授，广州美术学院艺术与人文学院文艺理论教研室主任，中央美术学院中国美术史专业博士，发表核心期刊论文10余篇，主编教材2部，参与主持多项国家级、省部级课题。

廖晓红，高级技师，广东省“五一劳动奖章”获得者，佛山市顺德区均安职业技术学校就业培训科主任、服装设计高级教师，担任省、区级服装专业技能大赛专家评委和全国教师资格证考官。主编多部纺织服装类“十三五”部委级规划教材。

作者简介：王永岭，广东教育出版社编辑，中国现当代文学专业硕士。广州市青年作家协会会员，广州市青年作家协会校园文学委员会副秘书长。作为责任编辑策划及出版教材、图书40多种，发表论文、散文、书评等5万多字。

廖琦，广东省服装设计协会会员，资深服装设计师，毕业于郑州轻工业大学艺术设计学院服装设计专业，从事服装设计二十余年，现任某大型服装企业服装设计总监，拥有个人服装品牌工作室，目前专注于与中国文化相关的文创、潮玩和服装设计。

参与编写：尚晶，毕业于吉林工程技术师范学院，现任佛山市顺德区均安职业技术学校服装设计与工艺专业教师，擅长专业课程教学与资源研发，参与多部教材的编写、资源开发。多次辅导学生在各级大赛中获奖，累计获国赛奖项3项，省级二等奖以上奖项8项，辅导学生参加全国牛仔服装设计大赛获三等奖，设计作品"JANS&桃夭"获"网上轻纺城杯"全国中职院校服装设计名校名师联合发布会最具特色奖。

胡辙，文学硕士，佛山市顺德区胡锦超职业技术学校语文讲师；广东省作家协会会员；作品散见于《人民日报》《羊城晚报》《西安日报》《黄河文学》《星火》《百花洲》等报刊；获第六、七届"佛山文学奖"散文奖；散文集《岭南漫记》获2021年佛山市文艺精品扶持。

序　言

端午后的广州闷热而多雨，正是“龙舟水”的季节。课程研发团队终于正式推出这一门课程了。从选题立项到前往一线学校上课实践，课程研发团队一次次讨论内容架构、课程实施；查找资料，观看视频，头脑风暴，动手实验。曾一次一次扪心自问，为什么要设计这门以汉服为核心元素的课程？为什么要让孩子们学习汉服相关知识，且动手做汉服？反复追问，答案依然是肯定的：这一切值得。

犹记得河南卫视关于传统文化的节目多次得到民众赞誉，让传统记忆唤起大家的审美觉知；犹记得《只此青绿》舞剧横空出世对大众审美的触动。和每一位观众一样，我也一次次被汉服之美所震撼。

酷热而多雨的高考季。6月7日上午一考完，互联网上就掀起了对高考作文的大讨论。且不论命题水平如何，仅看作文题门槛就已让莘莘学子深谙传统文化积淀的重要性了。如果没有读过《红楼梦》的篇章或相关资料，没有传统文化的耳濡目染，如何能针对该命题写出富有传统美学意蕴的作文？作文考的不就是平日的积累，眼中所见、脑中所想吗？

2022年版新课标把义务教育语文课程培养的核心素养内涵定义为“学生在积极的语文实践活动中积累、建构并在真实的语言运用情境中表现出来的，是文化自信和语言运用、思维能力、审美创造的综合体现”[①]，语文课程早已不仅仅停留在培

① 《义务教育语文课程标准（2022年版）》，中华人民共和国教育部制定。

养学生的听说读写能力上。传统文化正是赋予学生文化自信，赋予学生诗意、想象和民族气质的土壤。

目前，课堂外的传统文化学习多以诵读、练字、书法、围棋、古琴、古筝、古典舞等为主，着汉服进行情境化学习的方式虽然越来越多，但大多限于营造仪式感及表演层面，孩子们是否了解汉服的基本知识，譬如汉服形制？是否了解不同朝代汉服的主要特点？是否能够说出与汉服有关的词汇？是否知道不同颜色的服饰含义？是否知道优美的《诗经》中“同袍”那激动人心的含义？是否可以将传统服饰文化的审美感知应用到生活中的服饰审美提升上？

这些，无疑都是文化瑰宝，也是民族审美的外现。再进一步想，对汉服的知识，中小学生应该学习到什么程度？用什么形式学？怎样教学才能有趣一点？问题一一涌来，研发团队一次又一次探讨。

广东教育出版社在“双减”政策颁布之前进入校内课后服务业务领域，作为第三方专业机构为广东省梅州市五华县、连南瑶族自治县、化州市及佛山市禅城区、广州市越秀区等地开展服务，覆盖一、二线城市及原中央苏区、少数民族地区。校内课后服务是落实“双减”精神的民生工程，是解决家长难题、改善教育生态、促进学生健康成长的教育举措，素质拓展课程又是校内课后服务的重中之重。广东教育出版社作为全国百佳出版社、全国优秀出版社，勇于探索校内课后服务模式，为深入贯彻“新教改”而担负起应有的教育使命。

基于在一线学校服务的经验，课程研发团队决定在“青少年素质拓展系列课程”已有的《少年口琴》《戏剧英语》《花样跳绳》《儿童体适能》《戏乐融融》等课程的基础上，研发一门与传统文化有关的课程，融合语文核心素养与美育、劳动教育，形成一门跨学科、主题式、综合实践类的课程，汉服就是进入这门课程的密码。

这门课程以汉服为按钮，带领同学们走进传统文化的世界；以汉服为链接，通过感知及动手塑造美的心灵；以汉服为元素，提升学生的审美能力。汉服是民族文化的活化石，很高兴看到越来越多的孩子和年轻人乐于穿上汉服，以身着民族服饰为自豪；更希望以汉服为切入口开启以美寓德之门，让优雅的传统审美和传统礼仪浸润在教育中，让“仁义礼智信”滋养孩子的生活。

由于水平及能力所限，教材难免存在错漏及形式上的不足，还请读者及同行多多指正。在编写过程中，我们查阅了大量典籍、资料，借鉴了不少书目、论文及视频资料。教材中的图片主要由课程研发团队手工制作，其他已购买版权；手工制作是由课程研发团队成员拍摄，如读者发现有版权界定不清的图文，请邮件联系381250346@qq.com 。

本课程旨在探索将传统文化与美育、劳动教育融合的综合活动，未严格按照年级进行分段设计。在实施过程中，考虑到手工难度及安全问题，“项目四　汉服布艺手工”建议安排四年级以上学生学习，其他项目学习可覆盖1~9年级学生甚至有兴趣的成人。

最后，再次致谢课程团队成员阎安教授、廖晓红高级技师、廖琦设计师、尚晶老师、胡辙老师等。感谢广东教育出版社及江门分社的领导及同事，尤其感谢为本书悉心绘制插画的杨柳婷编辑和用心设计的喻悠然编辑，感谢课程资源摄制的钟欢老师团队！感谢所有帮助过我们的单位、平台及所有美好的人！

教材的出版只是起点，愿我们携手前行，前路绵远悠长。

王永岭

2022年6月8日

目　　录

contents

项目一　感知汉服之美

当我们漫步在公园里，徜徉在各种精彩的展览中，常常能看见穿着汉服的男生和女生翩若惊鸿般出现在我们的视野中，他们在人群里形成一道亮丽的风景线，唤起我们对传统文化的记忆。

汉服从十多年前的“新生事物”，到如今屡见不鲜，在生活中处处可见——大街上、校园里、网络上……不同年龄段的男女穿着汉服参加各种活动，总有着别样的风采，给观者留下挥之不去的印象。很多幼儿园的小朋友会在传统节日穿着汉服欢度佳节，玩猜灯谜、投壶、游园等传统游戏；中小学生穿着汉服练习书法、弹奏古筝、排演剧目……

可以说，汉服极大地丰富着我们的生活。

图 1-1　广州市番禺区祈福智慧幼儿园师生穿汉服庆祝国庆

图 1–2　2021 年 9 月，广东省佛山市顺德乐从文晟实验学校的同学们在老师的带领下穿着汉服学习非遗剪纸

图 1–3　古城墙下拍汉服美照的女生

提问：同学们，你觉得汉服美吗？如果用一个词来形容汉服，你会用哪个词？

任务一　折衣裳：认识汉服形制

学习目标

1. 知识与技能：能够了解广义和狭义的汉服含义；能够辨识汉服的三种形制。

2. 过程与方法：用纸折一件上衣下裳制汉服。

3. 情感态度价值观：通过了解什么是汉服、汉服的三种形制，感知汉服的美，培养对传统文化的热爱，树立民族自豪感。

大看台

众所周知，中国有56个民族，其中人数最多的民族叫“汉族”。中华民族的语言叫汉语，文字叫汉字。外国学者研究中国的文化、历史、语言、文学等方面的学问，我们称作“汉学”。

汉服是指什么呢？让我们一起来了解。

一、什么是汉服

广义的汉服是指汉民族的传统服饰，又称“汉衣冠、汉装、华服”，在公元17世纪中叶（明末清初）前，在汉族的主要居住区，以“华夏—汉”文化为背景和主导思想，以华夏礼仪文化为中心，通过自然演化而形成的具有汉民族风貌性格，明显区别于其他民族的传统服装和配饰体系。狭义的汉服是指汉代的服饰。一般情况下汉服都指广义的概念。

汉服“始于黄帝，备于尧舜”，定型于周朝，并通过汉朝依据四书五经形成完备的冠服体系。《左传》注疏有云：“中国有礼仪之大，故称夏；有服章之美，故称华”。可见中华民族的代名词“华夏民族”，正是从这优美的华服，即汉服中而来。

二、汉服的基本结构

图 1-4　汉服基本结构图示

三、喜欢汉服的理由

汉服是我们的民族服饰符号，代表着源远流长的中华传统文化，同时也是汉民族的象征之一。在多元文化交融的场合或者对外交往的时候，身着汉服无疑是在传递自己作为中国人的身份，同时也在表达丰富的审美信息，如“飘逸”“庄重”“灵动”“大气”等等。

随着我国国民对传统文化的崇尚以及民族自信的提升，汉服受到越来越多人的青睐，因其雅而美以及蕴含的礼仪文化、身份认同，身着汉服，不仅穿出了“国风”“国潮”和民族韵味，还穿出了我们对优雅生活的向往。

请同学们写一写自己喜欢汉服的理由。

1. ______________________

2. ______________________

3. ______________________

四、汉服的主要特点

中华文明沉淀和凝练了绚丽多彩的汉服制衣工艺。汉服具有多种形制，主要特点包括交领、右衽（rèn）、束腰、宽袖，常用绳带系结；衣领又有盘领和直领（对襟）作为补充。这些都是汉服比较突出的特征，有别于其他民族服饰。

图 1-5　不同朝代汉服的主要形制

汉服在不同朝代具有不同的形制，主要有汉制（延续至魏晋时期）、唐制、宋制、明制等，每个朝代的汉服都有一些比较突出的特征，体现了时代的变迁和当时的社会风尚，但基本形制主要分为三种：上衣下裳（cháng）、深衣、襦（rú）裙。

（一）上衣下裳

上衣下裳的基本特征是上衣下裳分开，上身穿衣下身着裳，裳主要指裙装（后来因为劳动的需要演变为裤装），上衣交领右衽（中国传统以右为尊）。

图 1–6　上衣下裳制汉服

（二）深衣

深衣的基本特点是：衣裳相连，续衽钩边。也就是上下衣裳是连在一起的，衣襟和袖口往往会有一条不同于主体部分的包边，把衣襟接长，并变成腰带系扎起来。深衣又分为直裾深衣和曲裾深衣，图1–7为直裾深衣，图1–8为曲裾深衣。

图 1–7　直裾深衣

图 1–8　曲裾深衣

（三）襦裙

襦裙主要是年轻女子穿着的款式，基本特点是：上衣较短，下裙较长。上衣的短衫叫“襦”，短衫和下身束的裙子合称襦裙。按照裙腰的高低可以分为齐胸襦裙和齐腰襦裙，按照领子的样式又可以分为交领襦裙和直领襦裙。图1–9为齐胸襦裙；图1–10为齐腰襦裙。

图 1–9　齐胸襦裙

图 1–10　齐腰襦裙

动手做

用纸折一件上衣下裳制汉服

1. 材料清单：包装纸1张、卡纸1张、儿童剪刀1把、双面胶/胶水1支。

2. 手工步骤：

（1）把卡纸对折裁开，将其中1张对折。

（2）在对折的纸上用剪刀剪出1个三角形的衣领。再顺着直线剪出衣袖和上衣的形状，打开，就是一件V字领的上衣。

（3）在包装纸上裁剪2条约1 cm宽的长带子，分别作为衣领和腰带的材料。

（4）将作衣领的长带子折成3折，卷成三角形（交领状）并沿着领口、衣襟往下粘贴在上衣合适的位置。

（5）用剩余的包装纸折成一条有褶子的下裳（褶裙）。

（6）加上上衣和腰带，组合成一套上衣下裳制的汉服（如图1-11所示）。

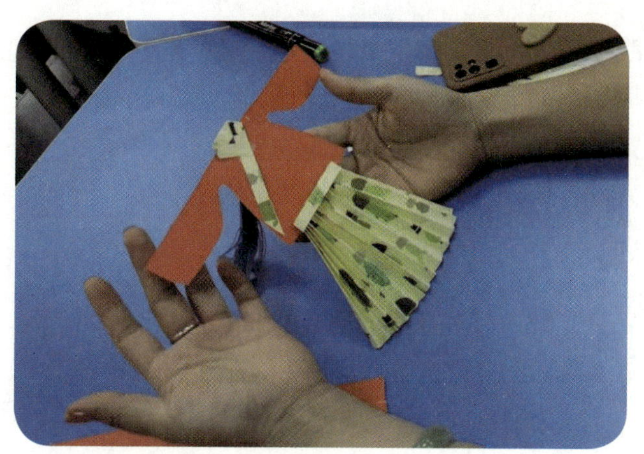

图 1-11　动手折衣裳

扫码观看教学视频

3. 成果展示：同学互评，教师点评。

任务二　折深衣：看名画识汉服

学习目标

1. 知识与技能：观赏名画，了解我国历史上主要朝代汉服的突出特点。

2. 过程与方法：通过画、剪、折，用纸折一件深衣。

3. 情感态度价值观：感受中华历史的厚重，理解在不同历史时期既不断传承又随着时代和社会发生变迁的服饰文化。

大看台

看名画，赏汉服

中国画简称国画，在思想内容和创作艺术上反映了中华民族的社会意识和审美情趣。从中国画中，我们不仅可以获得对古代历史的了解，还可以得到美的享受。

一、《洛神赋图》

图 2-1　清丁观鹏摹顾恺之《洛神赋图》（局部）

这是清代丁观鹏临摹东晋杰出画家顾恺之的《洛神赋图》（局部），纸本设色，青绿，纵28.1 cm，横587.5 cm，现藏于台北故宫博物院。《洛神赋图》描绘的故事取自曹植名篇《洛神赋》，画中的男子身着直裾深衣，洛神则神情端庄，着曲裾深衣，裾袂飘逸。由此图可见汉朝及魏晋时期的服饰特点为交领右衽广袖，衣服宽松飘逸。

图 2-2　《捣练图》（局部）

二、《捣练图》

《捣练图》是唐代名画，画中描绘的是贵族妇女捣练缝衣的工作场面，为盛唐时的一幅重要的风俗画，用色别致，系唐代画家张萱之作，现藏于美国波士顿美术馆。

《捣练图》描绘了唐代宫中妇女在捣练、络线、熨（yùn）平、缝制等劳动操作时的情景。画中人物神情自然，十分生动，线条工细遒劲；人物体态丰腴，造型表现出唐代仕女画的典型风格。图中妇女的服饰为齐胸襦裙，衣袖比较合身，不像魏晋时期一样宽大；颜色富丽雅致，材质轻薄透明，可以感受到唐朝服饰的变化。

三、《歌乐图卷》

《歌乐图卷》是宋朝名画，纵25.5 cm，横158.7 cm，现藏于上海博物馆。图卷描绘了南宋宫廷歌乐女伎（jì）演奏、排练的场景。画中的女伎、老乐官和女童分

图 2-3　《歌乐图卷》（局部）

别持笛、鼓、排箫、琵琶等乐器。女伎身形修长，着红色对襟开衫褙子；男乐官穿圆领袍服，女童着交领深衣。

褙（bèi）子是宋朝重要的服饰，穿着简单，结构合身，以直领对襟为主，双侧开衩，长度过膝，通常内搭抹胸。褙子的袖子为窄袖，开领穿起来十分方便，贴近生活，因此广受欢迎。

四、《清明上河图》

明代中期经济较为繁荣，尤其是江浙地区，从仇英摹（mó）《清明上河图》（局部）可窥见一斑。图中所绘人物有两千多个，包括男女老幼、士农工商，形形色色，反映了这段时期苏州的市井生活。为了行走和劳作的方便，他们有着短裳长裤或中衣中裤的，有着深衣长袍的。这些服饰反映了明朝不同阶层民众的鲜活特征。

图 2–4 明仇英摹《清明上河图》（局部）

五、《红楼梦》

《红楼梦》是我国明清时期伟大的小说，我国古典四大名著之首。读过《红楼梦》的人心里都会住着一个贾宝玉、林黛玉和薛宝钗，也会对大观园中性格各异、风采卓然的主人公们印象深刻，尤其是金陵十二钗的人物形象，海棠诗社成员赏雪斗诗等情景更是让人掩卷不忘。

清代孙温绘《全本红楼梦》是以《红楼梦》中人物为蓝本的肖像画，被认为是两百年来为《红楼梦》所绘插图、受《红楼梦》启发创作的美术作品中的翘

图 2–5 清孙温绘《全本红楼梦》（选）

楚。现存画面230幅，藏于大连旅顺博物馆。画心绢本，纵43.3 cm，横76.5 cm。全书用色清雅明丽，构图精巧，线条勾画流畅，绘本中的女子身材窈窕、长颈削肩、纤瘦柔媚、情态逼真，每一个人像都符合其性格气质。她们身着衫、袄、霞帔（pèi）、褙子、比甲、马面裙等，体现了明代服饰的特点。

明代女子衣服的对襟主要是合领和直领，也出现了立领，又叫明竖领。袄裙是明代女子常服上袄下裙的统称，也指裙外加的一条短小的腰裙。马面裙又名“马面褶（zhě）裙”，也是明代女子服饰的一种，裙子前后共有四个裙门，两两重合，侧面打裥，中间裙门重合，穿在身上看起来很是活泼。

图 2-6　袄和马面裙

用纸折一件深衣

1. 材料清单：A4彩纸3张、儿童剪刀1把、铅笔1支、橡皮1块、双面胶/胶水1支。

2. 手工步骤：

（1）把1张彩纸沿长、宽两个方向分别对折，在长边对折后沿对折线0.8 cm处画一条线，沿线条剪开，至宽边对折线位置。

（2）剪开的部分作为衣衽部（详见教学视频），在两肩部斜下1.5~2 cm的位置斜折，两边对称操作，左片搭在右片上面。

（3）用另外1张彩纸剪出中衣的形状，注意衣领大小要和领口大小匹配，用胶水固定在衣领的开口处。

（4）用最后1张彩纸折成褶裙的形状，粘贴在深衣外套里，按比例剪到约为衣长1/5的长度。

（5）剪出0.6 cm左右宽度的长条7~8条，作为袖口、衽及下摆的缘饰，并分别用胶水固定。

（6）剪一条2 cm左右的宽条作为腰带，用胶水固定在衣身的腰部。

图 2-7　深衣纸样

扫码观看教学视频

3. 成果展示：同学互评，教师点评。

任务三　折襦裙：服装色彩搭配

学习目标

1. 知识与技能：了解三原色、冷暖色及一般配色原则。

2. 过程与方法：用纸折一件齐胸襦裙。

3. 情感态度价值观：通过搭配色彩提升审美能力；锻炼精细化动手能力；树立民族自豪感。

大看台

生活是由色彩构成的，凡眼之所见，无不是色彩的世界。服饰之美，也往往体现在色彩的搭配上。

一、色彩知识和配色原则

（一）三原色

我们通常所说的三原色，是指传统美术色彩的三原色，即红、黄、蓝三色。

（二）冷暖色

冷暖色是指色彩给人心理上的冷热感觉。红、橙、黄、棕等颜色往往给人热烈、兴奋、热情、温暖的感觉，所以我们把它们称作暖色或者暖色调。绿、蓝、紫、黑等颜色往往给人镇静、冰冷、开阔、通透的感觉，所以把它们称作冷色或者冷色调。色彩的冷暖感觉又称为色彩的冷暖性，冷暖其实是相对的。也有一些颜色属于中性色，给人的心理感受不那么明

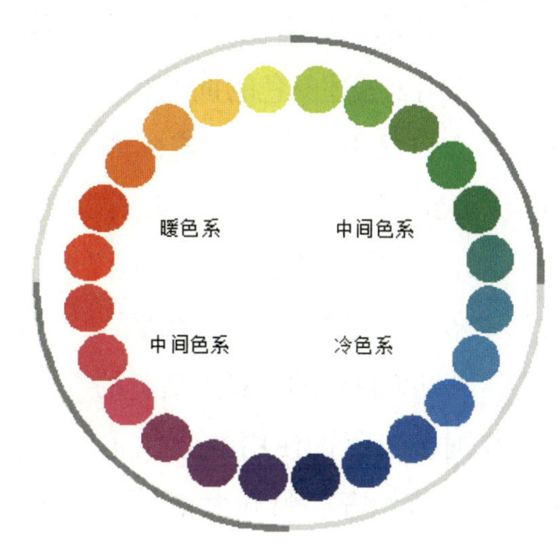

图 3-1　冷暖色系

显，比较平淡、温和、包容，譬如米色、燕麦色、淡紫色、浅灰色等等。

（三）三大配色原则

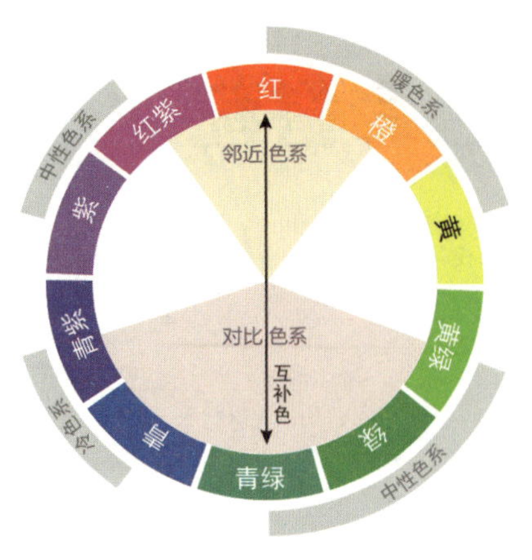

图 3-2　同类色、邻近色、对比色

我们在穿衣、绘画、做设计时，都需要使用色彩搭配。为了使颜色的搭配看起来舒服、和谐，具有美感，通常会遵循三大配色原则，即对比色、邻近色、同类色。

对比色表现为颜色冲突比较强烈的搭配，容易吸引人的注意，显得有个性；邻近色搭配一般会让人看起来舒服，色彩过渡柔和、和谐；同类色搭配也就是通常所说的同色系深浅相配，非常美观。从图3-2的色系环看，本身色彩两边30°的颜色称之为同类色，本身色彩两边60°的颜色称之为邻近色，本身色彩两边120°的颜色称之为对比色。

在我们日常的服饰搭配中，可以使用三大配色原则，让我们在穿衣时更有品位。

二、传统色与古代染色

我们常常在看到好看、柔和的颜色时会觉得“有高级感”，看到刺眼而令人感到不那么舒适的颜色时会觉得有“塑料感”。在电视剧或纪录片、小视频中，古代服饰、古代建筑、陶瓷、字画等的用色、造型和工艺，会让我们情不自禁地惊呼：“怎么那么好看啊！”好看，不仅体现在器物、形制，色彩也极富美感。

古代用来表述颜色的词汇非常丰富，常常和大自然中的事物相连，如“青山如黛（dài）”“月白”“天青”“米黄”“金黄”“藕色”“豆绿”“葱绿”“翠绿”“桃红”“朱砂”“石榴红”，可见大自然的色彩是最美的。

图 3-3　远处青山如黛

我国古代服饰使用的颜色主要分为赤、白、黄、青、黑五大正色。古代彩色衣服的染色主要通过矿物染色和植物染色两种方法。矿物染色在较为远古的时期使用，植物染色大概发展于先秦时期，自周朝始设有专门管理染色的官职，称为染草之官，又称染人。古时植物染色法主要通过提取花草植物的根、茎、皮、叶等的汁液进行。通常，红（赤）色是从茜草、红花和苏木中提取汁液或研磨成粉进行染色。蓝色多通过种植蓝草，将蓝草浸泡、捣碎［可加入石灰制作成固体靛（diàn）块，便于运输］，进行染色。黄色多通过栀子、姜黄、槐花等进行染色。黑色通过乌桕（jiù）、五倍子等染色。

图 3-4　汉服之邻近色搭配（《簪花仕女图》局部）

汉服也遵循配色的三大原则。对比色有桃红配葱绿，橙色配柠绿，朱红配翠绿，白色配青蓝等搭配；邻近色有橙色配柠檬绿；同色系有柠绿配翠绿，水蓝配深蓝，桃红配朱红；等等。

［练一练］

对照图3-2，找出图3-5中汉服的对比色、邻近色和同类色搭配。

图 3-5　对比色、邻近色、同类色搭配（《韩熙载夜宴图》局部）

动手做

用纸折一件齐胸襦裙

1. 材料清单：不同颜色的A4彩纸3张、花色包装纸1张，儿童剪刀1把、双面胶/胶水1支。

2. 手工步骤：

（1）把1张彩纸沿长、宽两个方向分别对折，在其中一边画出对襟上衣的形状（详见教学视频，衣服长度和宽度的比例约为1.5∶1），沿对折线画一条约0.8 cm的线条，并沿该线条剪开。打开，对襟上衣的形状就显出来了。

（2）用1张其他颜色的彩纸剪出三角形状，折出衣领，并用同色纸折出对襟上衣袖口露出的中衣袖，分别用胶水固定在袖口。

（3）用纸剪出袖口和对襟的边（缘）饰，并用胶水固定好。

（4）用花色包装纸折出褶裙，贴在上衣齐胸的位置，按上衣长度的3倍左右修剪裙子的长度。

（5）用其中的一种彩纸剪出腰带，贴在裙子上，并用胶水固定。

（6）剪出腰带的装饰和裙子的系带，注意和衣领或衣袖的颜色相呼应，并用胶水固定。

图 3-6　齐胸襦裙纸样

扫码观看教学视频

3. 成果展示：同学互评，教师点评。

温馨提示：同学们可以将前几课时做的汉服纸样用画框或相框装裱起来（如图3-7所示），放在自己的书桌或书柜上做纪念哦！

图 3-7　汉服纸样相框

小贴士 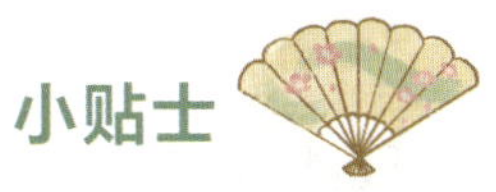

一首和服饰有关的诗歌

中华民族在漫长的历史发展过程中，创造出源远流长、丰沛而辉煌的语言文化。诗歌无疑是用语言吟咏民族记忆的一种独特的方式。古代诗歌记录了广袤的自然山水、丰富的社会生活以及深刻的人文情感，可以毫不夸张地说“凡有华人处，就有古汉语诗词”。古汉语诗词以丰富的内涵、优美的音律影响着每一个中华儿女的性格和气质。让我们一起来吟诵一首与服饰有关的诗歌吧！

诗经·秦风·无衣

佚名

岂曰无衣？与子同袍。王于兴师，修我戈矛。与子同仇！
岂曰无衣？与子同泽。王于兴师，修我矛戟。与子偕作！
岂曰无衣？与子同裳。王于兴师，修我甲兵。与子偕行！

简析：这首诗是《诗经》中著名的爱国主义诗篇，产生于秦地人民抗击西戎入侵者的军中战歌，不仅表现了秦国人民英勇无畏、慷慨激昂的尚武精神，也表达了军中战士们深厚的情感。

现代汉服爱好者常以“同袍”互称，借以表达彼此之间深厚的情谊。

项目二 传统礼仪与节日

任务四 常见传统礼仪

学习目标

1. 知识与技能：学习拱手礼、鞠躬礼等基本礼仪；了解开笔礼、成人礼。
2. 过程与方法：能够把拱手礼、鞠躬礼应用在生活中合适的场景。
3. 情感态度价值观：感知“温良恭俭让”的礼仪文化，养成良好的道德风尚。

大看台

“着我汉家霓裳，兴我礼仪之邦”。中华民族是礼仪之邦，汉服以华夏礼仪为核心承载了中国古代的礼制文化，承担了中国人对传统文化的认同感以及传播中华文化的重任。学习汉服知识的同时，与之相随的是重拾中华民族的传统礼仪。在我们的生活中，最常见和常用的传统礼仪莫过于“拱手礼”。

一、拱手礼

当我们与家人、朋友见面打招呼或者送上祝福，以及拜托别人帮助的时候，拱手礼即可传达这几种含义。

拱手礼的动作要领

1. 行拱手礼时双腿要站直，对同辈可以上身直立，目光平视；对长辈上身要微微低俯或前倾，表示尊敬。

2. 双手相互握合于胸前，形成一个拱形，拱形可略高于胸部，略低于下巴，并有节奏地晃动两三下。

3. 古代行拱手礼时，一般男女有别。男子右手握拳，左掌在外包盖右拳；女子则相反，左手在内握拳，右手竖掌在上。现代已无明确的要求。

4. 用于遥祝时，手可适当抬高，朝前举到面前。

注意：拱手礼宁高不低，不可低于胸部。

图 4–1　拱手礼，送祝福

［练一练］

请同学们分成小组，分别在不同情境下扮演长者和幼者互施拱手礼。

二、鞠躬礼

中华民族是礼仪之邦。在我们的日常生活中，最常用到的礼仪，除了拱手礼，就要数鞠躬礼了。

（一）适用场合

鞠躬适用于庄严肃穆或者喜庆欢乐的仪式场合。在我们的日常生活中，学生对老师、晚辈对长辈、表演者对观众等，都可以行鞠躬礼。领奖人上台领奖时，向授奖者和其他人员一般也会行鞠躬礼表示接受和感谢。表演和晚会，演员谢幕时会对观众的到场和观看行鞠躬礼来表达谢意。演讲的时候，演讲人一般行鞠躬礼来表示对听众的感谢。当我们遇到客人或表示感谢或回礼时，也可行鞠躬礼。

（二）正确姿势

1. 行鞠躬礼的时候，行礼者和受礼者要用眼睛友好地和对方打招呼，不能斜视或者左顾右盼、心不在焉。

图 4-2　行鞠躬礼的小男孩

2. 行鞠躬礼时，男生的双手自然下垂，贴放在身体两侧裤线处。女生的双手可下垂或自然地搭放在腹前。特别注意，行鞠躬礼时不可把手插在衣袋里，这是极为失礼的行为。

3. 行鞠躬礼的两个人一般相距2 m左右，头、肩、上身向前倾15°~45°，前倾的幅度看行礼者对受礼者的尊重程度而定。超过45°一般表示行大礼，用在特殊场合或者表示特别的含义，比如感恩、祭拜、请罪。

（三）注意事项

1. 受鞠躬礼的人应以鞠躬还礼。但是上级或长者还礼时，可以欠身点头或在欠身点头的同时伸出右手握手答礼，不必以鞠躬还礼。

2. 晚辈或者地位较低的人要先鞠躬，且鞠躬要相对深一些。

3. 如果戴着帽子，行礼的时候要脱帽，不然显得不礼貌。一般用右手脱帽，而女生的左手还可以做一个轻抚胸前的动作，自然又优雅。

4. 大礼行三鞠躬，一般只行一鞠躬。在现代的中国，三鞠躬已经不多见了，只是在喜庆、纪念、丧葬活动中用到。

5. 鞠躬时最好要保持微笑。

[练一练]

请两名同学上台示范：在日常见面、表演谢幕及致歉的情况下怎么行鞠躬礼。

三、开笔礼

开笔礼是古代读书人四大礼之一，俗称“破蒙”。孩子在开笔礼那一天要早早来到学堂，由启蒙老师讲授做人的基本道理，并教授孩子执笔写“人”字，然后参拜孔子像，由此才可入学读书。孩子通过庄重的“开笔礼”感受到入学是人生的一件大事，是步入知识殿堂、走向成才的起点。

开笔礼一般在每年农历二月初二这天举行，传说二月初三为文昌诞辰日，文昌在民间被认为是主宰功名之神，在这一天敬奉文昌神，文昌神能保佑孩子学业有成，科举高中。另外，二月二的习俗与龙相关，又称“龙抬头”，这天入学也有“望子成龙”之意。

开笔礼，第一步，端正孩子的衣冠，称为“正衣冠”；第二步，通常是朱砂启智，即启蒙老师用朱砂在入学的孩子额头正中点上红痣，称为“开天眼”，意为“开启智慧，学生从此眼明心亮，好读书、读好书、读书好”；第三步，教师击鼓明志，鼓声响亮即期望孩子们志向远大；第四步，启蒙入学的孩子描红，用毛笔在纸上写下端端正正的“人”字，寓意着在人生的启蒙阶段，学会做人是最重要的，做人必须堂堂正正，正地立身。

步入新时代，为弘扬我国的优秀传统文化，很多学校会为一年级的孩子或学习书法的孩子举办开笔礼，让孩子们在浓厚的传统文化仪式中感受崇高、庄重的氛围，领会开笔意味着学习生涯的开始，明白“写好中国字，做好中国人”的道理。

图 4-3　学好汉字

［练一练］

请几名同学上台在黑板上板书“人”字，并分别说一说对“写好中国字，做好中国人”的认识。

四、成人礼

汉民族自古以来就有成人礼。成人礼通过给男子和女子举办不同的仪式，使男子、女子开始正视自己肩上的责任，完成角色的转变，宣告长大成人。为跨入成年的青年男女举行这一仪式，是要提示他们——从此将由家庭中毫无责任的“孺（rú）子”转变为正式跨入社会的成年人；只有承担成人的责任、履（lǚ）践美好的德行，才能承担起各种合格的社会角色。

古代成人礼男子的叫“冠礼”，女子的叫“笄（jī）礼”。冠礼即对跨入成年人行列的男子行加冠礼仪；具体是受礼者在宗庙中将头发盘起来，戴上礼帽。笄礼也叫加笄，一般在女子15岁时举行，由女子的长辈替她把头发盘结起来，再加上一根簪子；改变发式表示从此结束少女时代。

图 4-4　古代男女成人礼前后头饰

现代社会已不再对男子女子行冠礼和笄礼，但有些家庭、学校认为给年满18岁的孩子、学生举行成人礼是很有必要也很有意义的。成人礼对于他们是一个善意而美好的仪式，提醒他们进入这个年龄，必须要承担起成年人的责任和义务，要有这个年龄该有的德行和担当。

［练一练］

把同学们分成两组进行课堂辩论，每组选出4名辩手，分别作为正方和反方对“‘成人礼’是否值得提倡？”这个问题进行陈述及辩论。

小贴士 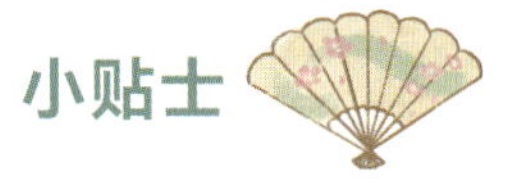

部分与材质有关的服饰词汇

古代汉服的主要面料有锦、绸、丝、葛、麻、棉等，一般富贵人家多穿着绫罗绸缎和动物皮毛等，普通百姓多穿葛、麻、棉、纱等面料。对不同材质的服饰，古代也有不同的表述。

（1）锦衣：①精美华丽的彩色衣服。多为显贵者所穿。②道士所穿的五彩之服。

（2）布衣：用麻、苎、葛、棉等普通材料织的布制成的衣服。一般为平民或追求素朴、隐逸生活之人所穿。后来代指平民。

（3）羽衣：①以羽毛织成的衣服。②常称道士或神仙所着衣为羽衣。③道士的代称。④轻盈的衣衫。⑤指《霓（ní）裳羽衣曲》。

（4）霓裳：①神仙的衣裳。相传神仙以云为裳。②借指云雾，云气。③飘拂轻柔的舞衣。④借指舞女。⑤《羽衣霓裳曲》的略称。⑥指霓裳羽衣舞。

（5）袍服：①袍子。古代常用作官服，亦为长袍的通称。②本指宽长并有棉絮夹里的衣服。今泛称宽长衣服为“袍服”。

（6）麻衣：意思是粗麻布做成的衣服，也用作孝衣。

（7）纱衣：以纱罗制成的夏衣。

（8）蓑（suō）衣：用蓑草、棕编成的羽衣，古代用作防雨之用。

任务五　汉服三大节日

学习目标

1. 知识与技能：了解三大汉服节日的时间、起源及意义。
2. 过程与方法：把汉服的服饰文化与汉服节日结合起来，应用到生活中。
3. 情感态度价值观：通过感知与汉服相关的节日文化，树立民族自豪感。

大看台

汉服越来越受普通民众喜爱，甚至走进了人们的日常生活中，这与近二十年来一系列的汉服文化活动密不可分。与汉服相关的三大节日包括：

一、汉服出行日

汉服运动是汉服文化复兴运动的简称，属于华夏文化复兴运动的一部分，是汉民族借由复兴传统服饰的方式进而推广中华文化的方式，以2003年11月22日一名叫王乐天的郑州市民穿着汉服走上大街的事件为标志。该事件被国内外媒体报道之后，逐渐引发汉服热潮，后来11月22日被汉服复兴运动者认定为“汉服出行日”，也成为三大“汉服节”之一。

二、花朝节

花朝（zhāo）节指农历二月十二日（也有人说是农历二月初二或二月十五日，南北略有差异），相传为百花生日。花朝节是中国传统节日，人们在节日期间结伴到郊外游览赏花，踏青赏红，雅宴吟诗。我国盛唐时期即有此风，参加者多是骚人墨客，有时也有亲朋好友，在观景赏花时饮酒赋诗，甚为风雅。北宋之后的活动又有了新内容，增加了种花、栽树、挑菜（采摘野菜）、祭神等，并逐渐扩大到民间的各个阶层。

与清明、中秋、端午等传统节日相比，花朝节在现代的知名度较低，但随着汉服的兴起，越来越多汉服爱好者在花朝节组织雅集活动，花朝节开始与汉服紧密联系在一起。汉服爱好者在花朝节的雅集活动往往包含汉服赏花、吟诗、抚琴、舞蹈、诵读、棋类对弈（yì）等游艺活动。

图 5-1　花朝节赏花

三、中国华服日

中国华服日是2018年出现的新兴节日，时间为每年的农历三月初三。这一天不仅是传说中黄帝的诞辰，也是中国传统节日上巳节。中原地区有“二月二，龙抬头；三月三，生轩辕（yuán）”的说法。

上巳（sì）节处于暮春之初，此时春回大地，万象更新，这一天，文人雅士在郊外游春，在水边饮宴。据载，著名的“兰亭雅集”就是在上巳节完成的，王羲（xī）之《兰亭集序》便是记录流觞（shāng）曲水的雅集。唐时上巳节春游已成习俗，唐代名画《虢（guó）国夫人游春图》描绘的就是虢国夫人一行在上巳节出城游春的景象。杜甫诗作《丽人行》中描写的“三月三日天气新，长安水边多丽人”，就是上巳节人们春游踏青、临水宴饮的盛况。

如今，中国华服日主要面向热爱传统文化的年轻一代，不仅是汉服爱好者共同庆祝的节日，也是传承发扬我国传统文化的重要阵地。

动手做 

一、学习常用针法

1. 材料清单：针线包、布头各1。

2. 手工步骤：

（1）学习打结：线从针尖往下绕圈，然后按住线头，往下拉到底，打结。

（2）学习平针：持针从右向左均匀地穿过布片。

（3）学习回针：持针从右向左穿过布片，再回到起针处，接着用同样的方法继续往前缝。

（4）熟练针法。

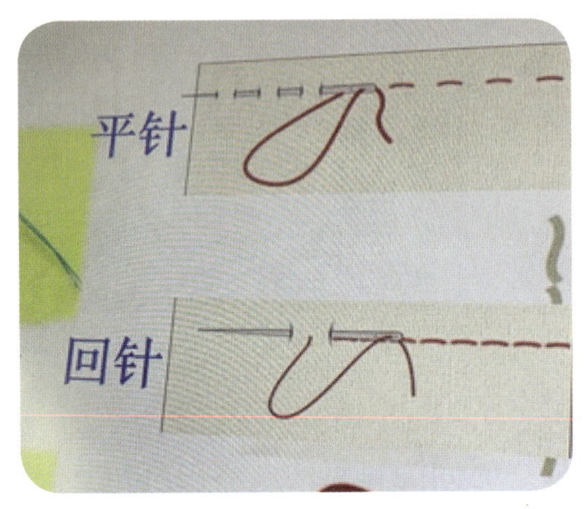

图 5-2　常用针法

扫码观看教学视频

二、缝一个小荷包（小香袋）

我们在电视剧或者电影中常常看见古人佩戴荷包，佩戴荷包不仅是为了美观，还可以起到香体、驱蚊以及预防疾病的作用。荷包又称香袋、香囊（náng），屈原的《离骚（sāo）》中有言“纫（rèn）秋兰以为佩”，其中“秋兰”为香草，“佩”指“佩帏（wěi）”，即随身携带的香囊。

图 5-3　小荷包

荷包常常寄寓着人们对于福气安康、平安顺遂的祈望。做一个小荷包，装上一些驱蚊、驱虫的香料，不仅实用，还可以做装饰，也可以送给朋友。闲暇时光中拾起针线，手缝一个小荷包，可以唤起我们的一丝怀古之情，仿若穿越时空，去感受古人在慢时光中的深情。

1. 材料清单：针线包（主要是针和线）、长宽约8~10 cm的正方形布片、花边、剪刀，装着香料或干花的小纱袋。

2. 手工步骤：

（1）将两块布片背面朝外，正面朝里叠在一起，将花边沿着布片的边缘、在两块布片之间环绕三边，夹好。

（2）用常用的针法按顺序把布片的边缘缝制起来。留出一边和相衔接的两头约4 cm左右的位置不缝。

（3）把花边穿过未缝制的布片边缘，翻转形成抽绳状，缝制好两边。缝完后，把缝好的小荷包翻转过来。

（4）把装着野菊花或者决明子、其他干花或香料的纱袋放进小荷包内。

（5）把抽绳的花边打成蝴蝶结状。一个小荷包就制作完成了。

扫码观看教学视频

3. 成果展示：同学互评，教师点评。

任务六　春节主题手工

学习目标

1. 知识与技能：能够说出春节的含义和风俗；诵读一首春节的诗词。

2. 过程与方法：自制一个春节信封或红包，写上对家人的祝福、感恩等寄语。

3. 情感态度价值观：热爱我们的传统节日，了解传统节日背后蕴含的民族情感。

大看台

很多国家都有自己的民族服饰，在日常生活中，人们穿衣以学习、工作、劳作、休闲、家居等场合的要求为主，但在国家庆典、节日庆典及其他仪式活动中，人们往往会穿上民族服饰，用以烘托气氛，增加仪式感。汉服分为礼服和常服。礼服一般在较为隆重的场合穿，譬如古代官员上朝、节日庆典和重要仪式等。常服一般在日常的场合穿。汉服对汉文化圈的着装文化皆有影响，譬如亚洲的日本、朝鲜、越南、蒙古、不丹等国的服饰都对汉服有所借鉴。

中华民族的传统节日主要有春节、元宵、清明、端午、中秋等。在传统节日，人们会通过各种节日习俗来传承民族的记忆，寄寓美好的理想，或寄托对亲人的哀思。在很多民俗活动中，人们还会穿上特定的服饰，而汉服也越来越多地与我们的传统节日联系起来，有些节日甚至成为约定俗成的“汉服日”。

春节是中华民族最重要的传统节日。在中国人的心目中，元旦并不能完全代表新年，只有过年才代表真正的辞旧迎新。春节可以说是我们国家、汉民族，也是每一个家庭最隆重的传统节日，不仅是中国人的盛典，也成为全世界人民关注的节日，越来越多的国家和地区知道了中国的春节，并受到中华民族春节文化的影响。

自古以来人们在春节就有穿新衣的习俗，寓意着辞旧迎新。在传统文化愈益受到重视的当下，穿民族服饰过传统节日不仅是一种时尚，也是对传统习俗的回归。

一、列举春节习俗

图 6-1　春节元素

二、诵读春节诗词

元　　日

王安石（宋）

爆竹声中一岁除，春风送暖入屠（tú）苏。

千门万户曈（tóng）曈日，总把新桃换旧符。

简析：这是一首取材于古代百姓春节民间习俗的诗词，充满生活细节，流露出作者欢欣、奋发、对未来充满期望的情感，富有浓郁的生活气息。

动手做 

自制春节红包

1. 材料清单：卡纸或花纸1张、马克笔1套、铅笔1支、儿童剪刀1把、双面胶或胶水1支。

2. 手工步骤：

（1）用一张自己喜欢的彩纸裁成正方形，折成信封或者红包状，并用胶水或双面胶粘合好。

（2）在红包面封画或贴上自己喜欢的图案、花纹或者吉祥物、表情符如图6-2所示。

（3）写一封给家人的短信（爸爸妈妈或者爷爷奶奶、外公外婆），送上春节祝福、感恩寄语，放进红包里，封好并带回去送给家人。

图 6-2　动手做红包

3. 成果展示：

（1）分享一个和春节有关的温馨片段或感人小故事。

（2）展示制作的春节红包。

（3）同学互评，教师点评。

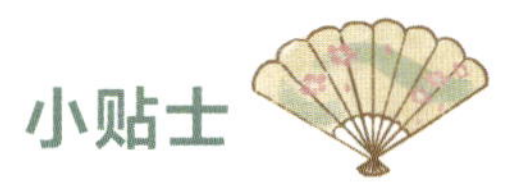

古代服饰主要纹饰

人们常说“服饰是沉默的历史”，汉服作为汉民族的传统服饰，凝聚着汉民族的记忆与文化。汉服的领型、边衽、飘带、纹饰以及面料等，都有一定的含义，甚至是身份、地位的规定或象征。衣襟、边衽、腰带等处的纹饰除了美观、装饰作用，也往往具有一定寓意，寄托着对吉祥、福寿的美好向往，或是身份、地位的显示。

汉服纹饰主要包括植物纹、动物图案、自然气象纹、几何纹、人物纹等。常见纹饰的种类有：

1. 植物纹：牡丹、芙蓉、梅、兰、竹、菊、并蒂莲、树叶、藤等。这些植物多象征着富贵、团圆、长寿、兴旺、绵延不绝等。

2. 动物图案：龙、凤、虎、麒（qí）麟（lín）、孔雀、鹧（zhè）鸪、鸳鸯、鹤、鱼、蝴蝶等。这些动物多象征着尊贵、威严、富贵、吉祥、长寿、兴旺、飞黄腾达等。

3. 自然气象纹：云纹、波浪纹、星、月、山等，多象征着吉祥、长久、星月同辉等。

4. 几何纹：回字纹、菱形纹、如意纹、飞鱼纹等，寓意着如意吉祥、绵延不绝等。

5. 人物纹：金童玉女、百子图、麻姑献寿等，寓意着家族兴旺、健康长寿、多子多福等。

［练一练］

同学们在绘制汉服或者做其他设计如墙报、黑板报的时候，可以参考下面几种简单的纹饰，并发挥自己的想象，绘制出各具特色的装饰纹路。

图 6-3　云纹

图 6-4　水纹

图 6-5　回字纹

图 6-6　如意纹

图 6-7　植物纹原形

图 6-8　植物纹

任务七　元宵主题手工

学习目标

1. 知识与技能：能够说出元宵节的含义和风俗。

2. 过程与方法：用纸折一个灯笼。

3. 情感态度价值观：热爱我们的传统节日，了解传统节日背后蕴含的民族情感。

大看台

元宵节也称上元节、元夕、元夜或灯节。“正月十五闹元宵”，古人把正月称为元月，又称“夜”为“宵”，正月十五是一年中第一个月圆之夜，所以这一天就叫“元宵节”。传统意义上的过年必须要过完正月十五，也就是过完元宵节才算过完年。

春节从除夕关门守岁开始，到元宵节结束，是一个人们不断扩大活动范围、人际关系不断扩展的过程。初一给家长拜年，初二回娘家拜年，以后逐步扩大拜年范围到一般亲戚朋友。这个时段人们的活动范围局限在熟人之间。初五是“破五”，可以开始干农活，商店开门了。这个时段社会开始正常运作。到了正月十五，全体社会成员不分男女老幼都加入节日活动中，元宵节具有团圆、欢聚、确认全体社会成员相互关系的意义。2008年6月，元宵节入选第二批国家级非物质文化遗产。

一、说说元宵习俗

元宵节的习俗包括吃汤圆、闹花灯、猜灯谜、耍龙灯、舞狮子、划旱船等等。不少民俗活动需要穿上特定的民族服饰或演出服。为弘扬中华优秀传统文化，汉服爱好

图 7-1　汤圆

者也会穿上汉服，举办与元宵习俗相关的雅集活动。

图 7–2　元宵花灯

二、诵读元宵诗词

青玉案·元夕

辛弃疾（宋）

东风夜放花千树，更吹落、星如雨。宝马雕车香满路。凤箫声动，玉壶光转，一夜鱼龙舞。

蛾儿雪柳黄金缕，笑语盈盈暗香去。众里寻他千百度，蓦然回首，那人却在，灯火阑珊处。

简析： 这是南宋词人辛弃疾的一首词。辛弃疾是豪放派词人代表，但这首词却具有绚丽柔婉的气质和丰富的意蕴，在热闹的元宵之夜，通过描述一个与人群拉开距离的“那人”意象，表达了词人对“不慕荣华、甘守寂寞”的理想人格的赞扬。

动手做

元宵节主题手工：折纸灯笼

1. 材料清单： 2张彩纸或花色包装纸，书签1张，书签吊坠2个，双面胶或胶水1支。

2. 操作步骤：

（1）把2张彩纸或花色纸折叠成约1 cm宽的皱褶，压实。

（2）在折纸两端约4 cm处折成转角，压深折痕。

（3）根据折痕折出反向的皱褶，做成立体状的半圆形。

（4）2张彩纸依次折出立体状圆笼形灯头，将其粘贴成灯笼。

（5）粘贴两个半圆灯笼前，在书签圆孔处加一个圆形或者横条的隔片，保证能够提起灯笼。

（6）处理好灯笼下方的吊坠，使长度适当。

图 7-3　纸灯笼

扫码观看教学视频

3. 成果展示：同学互评，教师点评。

任务八　端午主题手工

学习目标

1. 知识与技能：能够说出端午节的含义和风俗。

2. 过程与方法：通过画、剪、贴等方法做一幅端午主题手工画。

3. 情感态度价值观：热爱中华民族的传统节日，了解传统节日背后蕴含的民族情感。

大看台

端午节是流行于中国以及汉字文化圈诸国的传统文化节日。2006年5月，国务院将其列入首批国家级非物质文化遗产名录，也是中国第一个入选世界非遗文化的节日。端午节是我国的四大传统节日之一，各地有很多的风俗用以祈福或者纪念这一天。

端午节又称端阳节、龙舟节、重五节、天中节等，龙及龙舟文化贯穿在端午节的传承历史中，各地因地域文化不同而又存在习俗内容的差异，主要有食粽、饮雄黄酒、划龙船（舟）、采草药、挂艾草与菖蒲、放纸鸢（yuān）、拴五色丝线、佩香囊等等。传说战国时期楚国诗人屈原在五月初五跳汨（gǔ）罗江自尽，后人亦将端午作为纪念屈原的节日；民间也有纪念伍子胥、曹娥及介子推等说法。

端午文化在世界上影响广泛，亚洲其他国家如日本、朝鲜、韩国、新加坡等也有过端午的习俗。端午节通过传统民俗活动既能丰富群众精神文化生活，也能更好地传承中华文化。

一、说一说端午习俗

图 8-1 端午主题元素：粽子、龙舟、荷花

二、用端午元素做手工

同学们根据自己对端午的理解，通过画、剪纸、折纸及其他综合材料的运用（如黏土、树叶、麻线、鸡蛋壳等），做一幅端午主题手工作品。

图 8-2 屈原卡通像

动手做

端午主题手工画

1. 材料清单：卡纸1张，手工彩纸3张、儿童剪刀1把、铅笔1支、橡皮1块、马克笔1盒，双面胶/胶水1支。

2. 手工步骤：

（1）画出粽子、龙舟、荷花、荷叶等有端午元素的图案。

（2）用马克笔涂上合适的颜色。

（3）剪出形状并摆放在卡纸上，构图，形成一幅端午主题手工画。

（4）粘贴在卡纸上。

（5）在端午元素中加入一件汉服手工作品，可以画或者折后贴上去，代表屈原，就成为一幅有民俗有主人公（屈原）的端午主题手工画了。

扫码观看教学视频

图 8-3　端午主题手工画

3. 成果展示：同学互评，教师点评。

任务九　中秋主题手工

学习目标

1. 知识与技能：能够说出中秋的含义和风俗；诵读一首中秋的诗词。

2. 过程与方法：通过画、剪、贴等方法做一幅中秋主题手工画。

3. 情感态度价值观：热爱中华民族的传统节日，了解传统节日背后蕴含的民族情感。

大看台

春夏秋冬，四季流转。经过盛夏的繁忙劳作，中秋是一年的收获之际。中秋节又称祭月节、月光诞、月夕、秋节、仲秋节、拜月节、月娘节、月亮节、团圆节等，是中国民间的传统节日。

中秋节起源于上古时代，普及于汉代，定型于唐朝初年，盛行于宋朝以后。中秋节包含的节俗大都有古老的渊源，以月之圆兆人之团圆，为寄托思念故乡、思念亲人之情，同时也有祈盼丰收、幸福的含义，是我国传统节日中含义丰富、弥足珍贵的文化遗产。

为弘扬中华传统文化，越来越多传统文化的爱好者会将汉服与中秋等传统节日联系起来。很多中小学会将学校的“汉服日”安排在中秋前后，幼儿园也会在中秋前后组织穿汉服庆祝传统佳节的游艺活动。汉服日常化意味着传统文化越来越深入民众的心理，成为我们共同的民族符号。

一、说一说中秋习俗

图 9-1　中秋主题元素

二、诵读中秋诗词

水调歌头·明月几时有

苏轼（宋）

明月几时有，把酒问青天。
不知天上宫阙（què），今夕是何年？
我欲乘风归去，又恐琼楼玉宇，高处不胜寒。
起舞弄清影，何似在人间。

转朱阁，低绮（qǐ）户，照无眠。
不应有恨，何事长向别时圆？
人有悲欢离合，月有阴晴圆缺，此事古难全。
但愿人长久，千里共婵（chán）娟。

简析：本词为宋朝文学大家苏轼所作，围绕中秋明月展开想象和思考，把人世间的悲欢离合之情纳入对宇宙人生的哲理追寻之中，表达了词人对亲人的思念和美好祝愿，也表达了作者旷达超脱的胸怀。

动手做

中秋主题手工画：和嫦娥姐姐过中秋

同学们根据对中秋的理解，通过画、剪纸、折纸及其他综合材料的运用（如黏土、树叶、麻线、鸡蛋壳等），做一幅包含中秋主题元素的手工作品。

1. 材料清单：卡纸、包装纸、树叶、马克笔、铅笔、儿童剪刀、双面胶/胶水各1。

2. 手工步骤：

（1）剪一个圆圆的月亮，画上月桂树和小兔子，留下嫦娥姐姐的位置。

（2）动手做一件襦裙，参见任务三二维码教学视频。

（3）把嫦娥姐姐贴在合适的位置（嫦娥姐姐的脸也可以用彩纸剪出来再画上五官、头发）。

图 9-2　中秋主题手工画

扫码观看教学视频

3. 成果展示：同学互评，教师点评。

项目三　光影刻镂剪汉服

任务十　剪纸一：汉服与皮影

学习目标

1. 知识与技能：学习一款上衣下裳制汉服剪纸的基本方法。

2. 过程与方法：能够剪出一件形制清晰的汉服。

3. 情感态度价值观：通过剪纸锻炼动手能力，感知传统剪纸艺术的内涵，体会动手做汉服的乐趣。

大看台

剪 纸 雅 趣

剪纸又称刻纸，是中国古老的传统民间艺术。剪纸是一种镂空的艺术，以纸为加工对象，以剪刀（或刻刀）为工具进行创作，通常以吉祥物、日常生活等为表现对象，寄托着美好和吉祥的寓意，往往具有浓郁的民俗特色。随着社会生活的发展，人们也将更多与生活相关的素材作为剪纸的表现对象。

通常，人们在传统节假日时会把剪纸作为窗花贴在窗户上，增添节日气氛。伴随剪纸艺术表现力的拓展，当下，人们也很喜欢将剪纸作品进行装裱（biǎo），用以装饰家居。汉服具有优美的形制，剪纸可以将汉服的花纹以镂（lòu）空的形式呈现出来，生动再现汉服的外形内秀之美。

今天，我们就来学习一款简单的汉服剪纸。

动手做

汉服剪纸：款式一

1. 材料清单：彩色纸1~2张、儿童剪刀1把、直尺或三角板1块、橡皮1块、铅笔1支、订书机1个。

2. 手工步骤：

（1）把准备好的彩色纸对折。

（2）起稿。用铅笔画出需要的图形或描绘黑白效果（对初学者来说，画稿越精细，剪纸操作时就越容易）。

（3）剪纸要按照由上到下、由左到右、由小到大、由细到粗、由局部到整体或者由中心向四周剪的顺序。避免重复剪，不要的部位必须果断剪掉，不能用手撕，否则剪纸会因为起毛边而影响美观。

（4）揭离。也就是轻轻地揭开，平铺。

（5）粘贴或者展示。揭离完毕后需把成品粘贴起来，或者展示出来，便于保存。

温馨提示：剪纸的主要工具是剪刀，同学们使用时一定要注意安全。

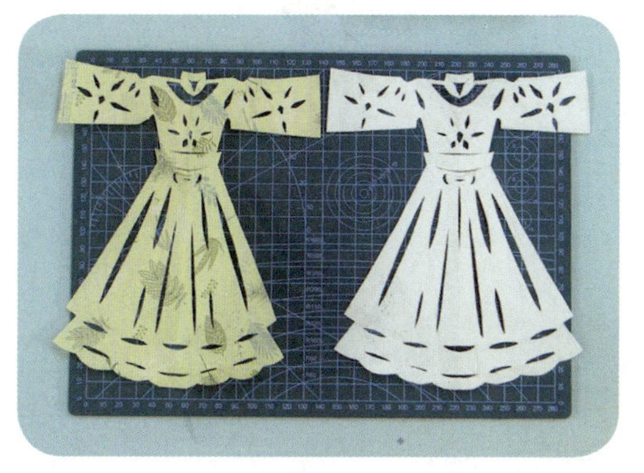

图 10-1　汉服剪纸：款式一

扫码观看教学视频

3. 成果展示：同学互评，教师点评。

小贴士

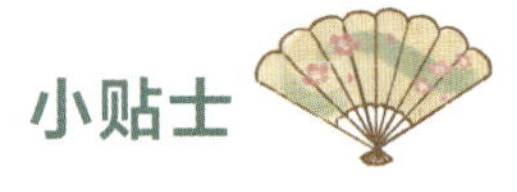

皮影艺术中的美丽汉服

皮影是皮影戏中的主要道具。皮影戏是中国民间的一门古老的传统艺术，演员在半透明的白布后，贴近幕布操纵皮人活动，同时配以说唱和伴奏，有声有色地表演剧情故事，深受观众喜爱。

皮影（如图10–2所示）是用牛皮、驴皮、马皮、骡皮等，经过选料、雕刻、上色、缝缀（zhuì）、涂漆等几道工序做成的，表演起来意趣盎（àng）然，活灵活现。皮影戏多取材于民间传说、经典故事情节，如《三打白骨精》等，具有流传广泛、脍炙人口的特点，这也是皮影戏广受欢迎的原因之一。在精美的刻镂中，戏中人物身着传统服饰，细节逼真，色彩鲜艳，人物造型具有浓郁的民族特色，将汉服之美淋漓尽致地展现出来了。

［练一练］

在班级活动中买一套皮影戏道具，教师组织同学们根据熟悉的民间故事写一个小脚本，同学们分角色扮演剧中人物，在班级活动中表演。

图 10–2　皮影人物

任务十一　剪纸二：汉服与京剧

学习目标

1. 知识与技能：学习一款上衣下裳制汉服剪纸的基本方法。

2. 过程与方法：能够剪出一件形制清晰的汉服。

3. 情感态度价值观：通过剪纸锻炼动手能力，感知传统剪纸艺术的内涵，体会动手做汉服的乐趣。

大看台

美丽汉服，国粹闪耀

很多人对汉服的认知可能起源于戏曲。在电视节目中、在剧团上演的剧目里，戏曲中的人物角色总是身穿形制各异的汉服，以浓郁地方特色的唱腔和动作范式闪亮登场。在优秀的戏曲节目中，演员与戏中人相互映照，熠（yì）熠生辉。演员形神兼备，声情并茂；观者如醉如痴，余音绕梁三日。

戏曲是我国传统的戏剧形式，著名学者王国维将戏曲定义为“以歌舞演故事”的艺术形式。作为一门综合艺术，戏曲融合了文学、舞蹈、音乐、武术、美术、杂技等多种艺术形式，发展成独特的表演艺术。在戏曲中，京剧是我国影响最大的剧种，有“国剧”“国粹（cuì）”之称，以清乾隆五十五年（1790年）四大徽（huī）班进京起融合多种地方民间曲调发展形成，如今已成为世界三大表演体系之一。京剧角色主要分为花脸、武生、小生、老旦、花旦、丑角等（见图11-1所示）。

图 11-1　京剧卡通形象（①花脸　②武生　③小生　④老旦　⑤花旦　⑥丑角）

鉴于对京剧的喜爱，越来越多的人用多样化的艺术形式表现京剧角色，剪纸就是一种广泛运用且喜闻乐见的表现形式。在剪纸艺术中，汉服与剧中人物的造型特色相交相融，体现了民间艺术对传统文化的鲜活表现力。

图 11-2　京剧剪纸（花旦）

图 11-3　京剧剪纸（小生）

动手做

汉服剪纸：款式二

1. 材料清单：彩色纸1~2张、儿童剪刀1把、直尺或三角板1块、橡皮1块、铅笔1支、胶水1支。

2. 手工步骤：

（1）把准备好的彩色纸对折。

（2）起稿。用铅笔画出需要的图形或描绘黑白效果（对初学者来说，画稿越精细，动手剪纸操作时就越容易）。

（3）剪纸要按照由上到下、由左到右、由小到大、由细到粗、由局部到整体或者由中心向四周剪的顺序。避免重复剪，不要的部位必须果断剪掉，不能用手撕，否则剪纸会因为起毛边而影响美观。

（4）揭离。也就是轻轻地揭开，平铺。

（5）粘贴或者展示。揭离完毕后需把成品粘贴起来，或者展示出来，便于保存。

温馨提示：剪纸的主要工具是剪刀，同学们使用时一定要注意安全。

图 11-4　汉服剪纸：款式二

扫码观看教学视频

3. 成果展示：同学互评，教师点评。

小贴士

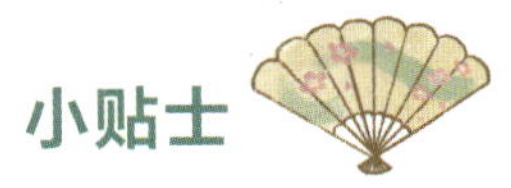

古代部分与颜色有关的服饰词汇

古代的官服在不同朝代有不同的等级色系要求，一般黄色、红色表示位尊权高，青、蓝等色表示地位较低，白色多为庶人和士子等无官职者。

（1）朱衣：①帝王、后妃及诸臣百官祭祀时穿的红色衣服。②也做“朱服”。官吏公服。汉代以后较为通行。

（2）红裳：裳（cháng），本意指红色下裳。后泛指红色衣裳。借指美女。

（3）青衣：①指黑色的衣服。②汉以后卑贱者着青衣，故称婢仆、差役等人为青衣。③也指评剧或京剧中的角色之一，扮演庄重的中年或青年妇女，因穿青衫而得名。

（4）青衿：①青色衣领，借指学子之服。引申指士子。②青色官服。唐宋时规定为八、九品所穿之服。

（5）青衫：①学子、士子等所穿之服。②唐制，文官八品、九品服以青。后因借指地位卑微官员，也借以指怀才不遇的士人。③指百姓、卑贱者的服色。

（6）黄衫：黄颜色的单衫，隋唐时少年穿的黄色华贵服饰。泛指飘逸华丽的服装。

（7）白袍：白色袍服。为庶人和士子未任者服之，亦可用作军士之服。唐宋时亦用来做入试士子的代称。

（8）蓝衫：八品、九品小官所穿的衣服。

（9）蓝缕（lǚ）：指破旧的衣服，代指衣服破旧。如筚路蓝缕。

（10）采服：按等级区分的不同色彩纹饰的衣服。泛指色彩华美的衣服。

（11）采衣：彩色的衣服，多为未成年人的穿着。汉郑玄注：“采衣，未冠者所服。”

项目四　汉服布艺手工

任务十二　缝制上衣小样

学习目标

1. 知识与技能：学习缝制一件交领上衣小样。

2. 过程与方法：用缝制好的上衣小样装扮家里的人偶娃娃。

3. 情感态度价值观：感受中国风服饰之美，锻炼动手能力，学会因地制宜、创造风格装扮家居、玩具。

大看台

你认识面料吗

面料是构成服装的第一要素，也就是我们常说的“做衣服的原料”。你认识面料吗?

面料通常分为自然面料和人工合成面料两大类。

自然面料包括：棉、麻、毛、丝。棉也指棉纤维，是棉花种子上覆盖的纤维，常用来制作衣服、毛巾、床上用品等。棉纤维较细且柔软，皮肤触感较舒适，具有较强的吸湿能力，弹性较差，保暖性较好。因此我们穿着全棉的衣服时会感到容易透气，又比较保暖。

麻也指麻纤维，是人类最早做衣着的纺织原料。麻织物手感硬挺，耐热性差，耐水洗，吸湿性好，透气性也好，但染色性差，所以麻质面料的衣服一般色彩都比较浅、柔和且以接近本色为主。

毛，一般是指羊毛，即羊毛纤维，弹性较好。我们穿的毛衣大部分是羊毛成分，穿在身上挺括、不易皱，吸湿性和透气性都较好，但很容易被虫蛀、发生霉变。

丝，主要是指蚕丝、真丝，以桑蚕丝质量最好。丝质面料吸湿性、耐水性很好，透水性、耐光性和耐热性较差，穿在身上容易起皱且感觉较热。

人工合成面料主要是指化纤［涤（dí）纶（lún）、锦纶等］，即以天然或人工高分子物质为原料制成的纤维。涤纶弹性好，强度和耐磨性好，不易变形，但吸湿性差，不透气，易起毛、结球。锦纶也是强度高，耐磨性好；但吸湿性、通透性差，易起毛、结球。

腈纶又称合成羊毛，经常代替羊毛织成毛衣，吸湿性不够好，耐磨性较差。如果穿着这种面料的毛衣，冬天脱衣服的时候经常会摩擦出“小星星”，像小火花一样发出“噼里啪啦”的声音。

自然面料透气性较好，人工合成面料往往不太透气但较能防风。不同的面料适宜制作不同品类的服饰。

动手做

缝制一件交领上衣小样

当中国风元素成为一种时尚，越来越多中国元素的设计出现在服装、背包、鞋帽、文创产品中时，同学们有没有想过给家里的人偶娃娃缝制一件汉服，让娃娃也穿上中国风的服饰呢？一起来动手吧！

图 12-1　佛山市顺德区清晖园博物院展出的精美汉服小样
（汉服制作、图片提供单位：顺德区均安职业技术学校廖晓红劳模创新工作室）

1. 材料清单：剪刀1把（裁衣剪或普通剪刀都可以）、布料1块、卷尺1个、针线盒1个、丝带（绸带）1~2条。

2. 手工步骤：

（1）取一块长、宽为33 cm左右的正方形布料，并准备好尺子、剪刀。

（2）叠衣料，确定衣长、袖长、胸围和肩宽尺寸，画线。

（3）裁剪衣片，按照画好的线条剪出衣片。

（4）缝制领缘，缝制应用针法：平针，长短平缝针、打结、倒勾针。将领缘按照确定好的宽度缝到领口上。

（5）缝袖缘，与领缘做法一样。

（6）合侧缝、袖底，提前做好腰侧系带位置标记，缝合时一并缝入系带。

（7）整理与翻正，翻正前要在转弯位置打剪口，数量根据情况确定。

图 12-2 汉服布艺小样材料清单

图 12-3 准备翻正

图 12-4 缝好的上衣小样

扫码观看教学视频

3. 成果展示：同学互评，教师点评。

小贴士

面料小实验

授课教师可携带几块不同面料的小布头在课堂上给同学们做“面料小实验”。

实验方法：用打火机点燃面料一角，燃尽之后，几乎没有残渣或呈黑灰色粉末灰烬的一般为自然面料，如棉、麻、毛、丝等；不能完全燃尽，有白色圆球状剩余残渣的为人工合成面料。不同面料在燃烧之后的气味也不相同。

任务十三　缝制下裳小样

学习目标

1. 知识与技能：学习缝制一件下裳，也就是常见的半身褶裙。

2. 过程与方法：通过缝制半身褶裙，练习打褶子、上腰等针法。

3. 情感态度价值观：感受中国服饰之美，锻炼动手能力，学会因地制宜、创造风格装扮家居、玩具。

大看台

你会整理衣柜吗

同学们可能都有自己的房间，也许和哥哥姐姐或者弟弟妹妹共用一个房间，但我们肯定会有自己的衣柜。你会自己整理衣柜吗？会不会根据季节来调整衣柜里的衣服呢？

温馨提示：干净整齐的房间让我们每天都能拥有好心情，通过整理房间，可以培养我们良好的生活习惯，养成分类思维、定点摆放物品和有序收纳的好习惯。

请同学们对照以下步骤学习整理衣柜的方法（如图13–1）：

图 13–1　整理后的衣柜

（1）根据季节和衣服的用途，把衣物按照冬季、春秋季和夏季进行第一级分类，然后再按照上装、下装、内衣裤、袜子进行二级分类。

（2）把冬装按照上装、下装挂在较大空间的衣橱挂衣杆上，需要的话可以用衣袋套起来；然后是春装，最后是夏装。

（3）把需要穿的当季衣服放在显眼、容易拿到的位置，按离当下的时间由近而远的顺序放需要穿及不太需要穿的衣物。

（4）把内衣和袜子分别放在抽屉或者收纳盒中。保证衣柜整洁，一目了然，一眼就能看到、拿到自己平常喜欢穿、经常穿的衣服。

（5）注意：衣物放在抽屉里要折叠整齐。如要节省空间的话，可以将衣物折平整之后卷成圆筒状，便于收纳，也便于取出（如图13–2所示）。

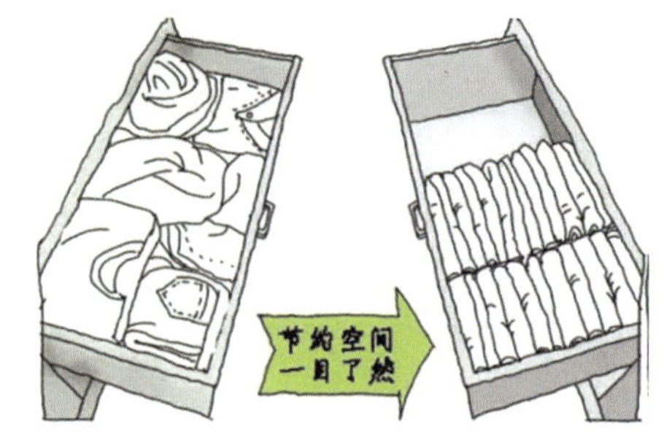

图 13–2　衣服的折叠收纳方法

动手做

缝制一件下裳小样

上节课同学们学习了缝制上衣小样，这节课我们将学习缝制一件下裳小样，也可以看作是褶裙的缝制。

1. 材料清单：剪刀、布料、卷尺、针线盒、丝带（绸带）各1。

2. 手工步骤：

（1）提前量好腰围、臀围与裙长尺寸。

（2）准备面料，长：裙长+2 cm，宽：臀围×4 cm。

图 13–3　缝好的褶裙小样

（3）准备腰头系带两条，长20 cm，宽1.5 cm。准备腰头面料，长：腰围×2 cm，宽6 cm。

（4）抽裙褶并固定。

（5）做腰头与系带。

（6）固定腰头与腰身。

3. 成果展示：同学互评，教师点评。

图 13–4　穿汉服的小人偶

扫码观看教学视频

项目五　秀出个性风采

任务十四　设计个性汉服

学习目标

1. 知识与技能：根据学习过的汉服知识和手工练习，利用家里已有的原料，分组设计出一套有特色的汉服，方法不限。

2. 过程与方法：列出设计汉服需要的物资清单，分工协作，共同设计一件美观的汉服。

3. 情感态度价值观：通过列清单、头脑风暴的方式进行合作，锻炼想象力、审美能力、动手能力和协作能力。

大看台

经过一学期的课堂学习和手工练习，同学们将要迎来一次别开生面的汉服主题展示活动。让我们张开想象的翅膀，与同学们积极碰撞，组织一次汉服秀，展示我们的个性与风采！

一、分组讨论

1. 教师组织同学分段报数，报同一个数字的同学组成一组。或者让同学们在课室中随意行走，教师突然叫出一个数字，学生根据这个数字随机抱成一团或手牵手，组成一组的同学互为小组成员，以3~5人为佳。

2. 选出小组长。小组长要有责任心，有想法，愿意听取大家的意见，能够带领

大家做出一件有个性的汉服。

3. 给小组取一个好听的名字，最好和传统文化相关或能凸显汉服元素，譬如杨柳、烟雨、青山不语、蒹葭（jiān jiā）苍苍、与子同袍，等等。

4. 组织组员讨论，安排小组成员的分工。

二、分组制作

1. 列出设计并制作（画出形制也可）一件汉服需要的材料清单。

2. 讨论完成制作汉服的思路，画出效果简笔图。

动手做

我是小小设计师：设计一件美观的汉服

小组成员根据对汉服的理解，初步锁定本小组想要设计的汉服形制，如披风加襦裙、交领上衣、对襟长衫（见图14–2）……然后，成员依次列出每个人可以带来的材料，如围巾、丝带、长裙、桌布、灯笼、对联等等，预估能否完成想要设计的服饰。

1. 小组依次展示材料清单及设计图。

2. 教师检查小组的材料是否可以完成一件汉服；设计图是否基本合理。

3. 教师略加点评或者帮助优化某些设计，使汉服展示能够顺利完成。

4. 温馨提示：各小组要做好汉服展示的活动方案。

图 14–2　汉服形制

任务十五　缤纷汉服秀

学习目标

1. 知识与技能：在规定的时间里展示小组共同设计的汉服。

2. 过程与方法：找到既出彩又适当的方法展示小组成员共同设计制作的汉服；通过写作文、办一期黑板报等形式把活动记录下来。

3. 情感态度价值观：通过汉服秀，锻造学生的自信心、创新和团队协作的能力。

大看台

精彩纷呈汉服秀

令人期待的汉服秀就要开始了，不知道同学们会呈现怎样的惊喜呢。

一、准备工作

1. 小组抽签。授课教师把一张白纸裁开，写上所有小组的序号并折成一样的大小，让小组长来抽签。

2. 布置场地。譬如通道、舞台的设计，灯笼、书签、书籍、飘带、鲜花或干花等都可用于汉服秀场装饰。

3. 同学们用带来的材料给小组中的一名同学做出一件精美的汉服。低年级建议15~20分钟，高年级建议10~15分钟。

二、走秀活动

1. 按抽签顺序，小组模特依次走秀。

鼓励多姿多彩的走秀方式，模特可以拿着折扇、玩具佩剑（见图15-1）、灯笼、干花、画框、油纸伞等道具，展现汉服和国风国潮饰品的搭配匠心。

图 15-1　汉服走秀造型

2. 小组互评。

3. 教师点评。

4. 合影留念。

5. 制作纪念视频。

三、评分表

汉服走秀活动评分表

小组名称	汉服创意（25分）	色彩搭配（25分）	制作工艺（25分）	T台风采（25分）	小组得分

动手做

一学期的汉服体验之旅接近尾声，同学们在这几个月和汉服亲密接触，一定积累了很多感受，个性各异、精彩纷呈的汉服秀，一定也给大家留下了难忘的记忆。例如，在看名画的时候感受到了古人的雅趣，在动手折汉服的时候对色彩搭配有了更深体会，在给家人写感恩寄语的时候想起了很多温馨感动的画面，在缝制小荷包的时候不小心被针扎了一下手指，把折好的纸灯笼放在小书桌的一角或者挂在了床头……

还有许多温馨的片段涌入我们的头脑，譬如和同学的讨论，和老师的交流，和自己的较真，当我们穿上汉服的新奇与讶异……这些闪光的瞬间点亮了我们对这门课程的记忆。

课堂会结束，记忆不会被剪断。以下活动可以作为本课程展示活动的补充，也可以单独作为一课时。

（一）写一篇小作文

拿出你的笔，写下你这一学期动手做汉服的心得体会，把学习的过程、精彩的汉服秀记下来，不负光阴、不负自己。

作文题目自拟，如有趣的班级活动、难忘的汉服课等；文体不限，记叙文、随笔、小诗歌都可；1~2年级不少于50字，3~4年级不少于300字，5年级以上不少于500字。要求记录过程，表达心声，有真情实感。

（二）办一期黑板报

由教师选出几名学生代表，根据一学期的学习情况办一期汉服主题黑板报。要求主题突出，围绕汉服的形制、课程生成的手工作品、汉服展示活动等；版面活泼新颖，能体现同学们的真实风貌。

（三）创建一个“汉服角”

在班级教室或者活动课室的一角开辟一个汉服文创区，用贴纸、黑板、彩带、标示牌等隔出一个“汉服角”，陈列同学们在课堂上完成的部分作品，并做好分类标识，围绕汉服元素，形成特色鲜明的“汉服角”（见图15–2、15–3）。

图 15–2　班级“汉服角”的学生折纸、剪纸作品

图 15-3　“汉服角”的汉服小人台手工作品

（四）成立一个汉服社团

教师可将对汉服有浓厚兴趣的同学组织起来成立一个汉服社团，定期开展一些与汉服有关的活动，譬如诵读经典、着汉服练习书法、花朝节踏青和吟诗活动、学习中国古典舞等。

参 考 文 献

［1］孙晨阳，张珂．中国古代服饰辞典［M］．北京：中华书局，2015.

［2］杨娜，张梦玥，刘荷花．汉服通论［M］．北京：中国纺织出版社，2021.

［3］颜紫陌．汉服怎么穿［M］．北京：中国工信出版集团电子工业出版社，2020.

［4］顾小思，许寒达．美人罗裳：汉服制作专业教程［M］．北京：中国工信出版集团人民邮电出版社，2020.

［5］李季，吕广健，黄嘉祺．成长配方：小体验大素养主题活动（小学版）［M］．广州：广东教育出版社，2021.

［6］朱聪聪，张琼琼．传统汉服的改良创新设计［J］．山东纺织经济，2021（8）：33-39.

［7］祁迪雅．汉服文化活态传承与发展研究［J］．合作经济与科技，2021（8）：34-35.

［8］焦婵．新时代汉服文化复兴存在的问题及对策研究［J］．汉字文化，2021（16）：180-181.

［9］蒋悦．在“汉服热”中提升文化自信的策略［J］．文化产业，2021（7）：98-99.